Abdelhafid Mimouni

Sinalização celular: uma exploração bioinorgânica

Abdelhafid Mimouni

Sinalização celular: uma exploração bioinorgânica

ScienciaScripts

Imprint

Any brand names and product names mentioned in this book are subject to trademark, brand or patent protection and are trademarks or registered trademarks of their respective holders. The use of brand names, product names, common names, trade names, product descriptions etc. even without a particular marking in this work is in no way to be construed to mean that such names may be regarded as unrestricted in respect of trademark and brand protection legislation and could thus be used by anyone.

Cover image: www.ingimage.com

This book is a translation from the original published under ISBN 978-620-6-72099-7.

Publisher:
Sciencia Scripts
is a trademark of
Dodo Books Indian Ocean Ltd. and OmniScriptum S.R.L publishing group

120 High Road, East Finchley, London, N2 9ED, United Kingdom
Str. Armeneasca 28/1, office 1, Chisinau MD-2012, Republic of Moldova, Europe
Printed at: see last page
ISBN: 978-620-8-05746-6

SINALIZAÇÃO CELULAR: UMA EXPLORAÇÃO BIOINORGÂNICA

AUTOR

Dr. Abdelhafid Mimouni

Investigador independente em química bioinorgânica, o Dr. Mimouni
é especialista em síntese e caraterização macromolecular. Obteve o
seu doutoramento em Química na Universidade de Paris XII em 1997,
após um Diplôme des Études Approfondies em Sistemas
Bioinorgânicos na Universidade de Paris XI em 1993, onde também
obteve a sua Licenciatura e Mestrado em Química.

RESUMO

O seu livro examina a sinalização celular e a importância dos iões metálicos, como o cálcio, o zinco e o magnésio, neste processo. Explica como estes iões actuam como mensageiros internos e como o seu desequilíbrio pode levar a disfunções celulares. O livro descreve igualmente as técnicas de análise destes mecanismos e explora o papel do glutatião na desintoxicação celular. Finalmente, oferece perspectivas sobre as futuras aplicações destes conhecimentos para intervenções científicas avançadas.

ÍNDICE

INTRODUÇÃO

A sinalização celular é um processo fundamental que permite às células comunicar e responder ao seu ambiente. Este mecanismo complexo é essencial para o bom funcionamento dos organismos vivos, regulando funções como o crescimento, o metabolismo, a resposta imunitária e a comunicação neuronal. Entre os muitos intervenientes, os iões metálicos desempenham um papel crucial que é frequentemente subestimado.

Os iões metálicos como o cálcio (Ca^{2+}), o zinco (Zn^{2+}) e o magnésio (Mg^{2+}) não são apenas blocos de construção de biomoléculas, mas também reguladores dinâmicos de processos biológicos. A sua concentração, distribuição e interação com outras moléculas influenciam profundamente as vias de sinalização. O cálcio, por exemplo, é conhecido pelo seu papel de segundo mensageiro, enquanto o zinco está envolvido na regulação da expressão genética e na modulação das respostas celulares.

O objetivo deste livro é explorar em profundidade o papel dos iões metálicos na sinalização celular, destacando os mecanismos pelos quais influenciam as vias de sinalização e a regulação celular. Examinaremos as interações entre estes iões e vários receptores, bem como as implicações da desregulação dos iões no desenvolvimento de patologias. Através desta exploração, pretendemos fornecer uma compreensão enriquecida da importância dos iões metálicos nos processos biológicos, ao mesmo tempo que destacamos potenciais perspectivas terapêuticas. Este livro destina-se a investigadores, estudantes e profissionais interessados em bioinorgânica e biologia celular, fornecendo-lhes conhecimentos essenciais sobre um campo em rápida expansão e rico em descobertas.

CAPÍTULO 1
FUNDAMENTOS DA SINALIZAÇÃO CELULAR

Definição de sinalização celular

A sinalização celular é o processo pelo qual as células comunicam entre si e respondem ao seu ambiente. Envolve a transmissão de informação através de sinais químicos ou físicos, permitindo que as células coordenem as suas funções, se desenvolvam, se diferenciem e mantenham a homeostasia. Este mecanismo é crucial para o bom funcionamento dos organismos multicelulares, regulando processos como o crescimento, a resposta imunitária e a regulação hormonal.

Tipos de sinais

1. **Sinais químicos**

o **Hormonas**: Produzidas pelas glândulas endócrinas, circulam no sangue e influenciam várias funções corporais (por exemplo, a insulina regula o metabolismo da glucose).

o **Neurotransmissores**: Libertados pelos neurónios, transmitem sinais entre as células nervosas (por exemplo, dopamina, serotonina).

o **Citocinas**: Proteínas envolvidas na comunicação entre as células do sistema imunitário, desempenhando um papel fundamental nas respostas inflamatórias e imunitárias.

2. Sinais físicos

o **Luz**: Os fotorreceptores reagem à luz, influenciando processos como a fotossíntese nas plantas e a visão nos animais.

o **Pressão e temperatura**: As células detectam alterações na pressão ou na temperatura, que são essenciais para respostas fisiológicas como a dor ou a termorregulação.

Canais de sinalização Principal

1. Via do AMP cíclico (cAMP)

o Envolvida na regulação de numerosas funções celulares, esta via é activada por hormonas como a adrenalina. O AMPc, como segundo mensageiro, amplifica o sinal e conduz a várias respostas celulares.

2. Via da MAP quinase

o Crucial para a proliferação, diferenciação e sobrevivência das células, esta via é activada por factores de crescimento e envolve uma série de fosforilações que modificam a atividade das proteínas alvo.

3. Via PI3K/Akt

o Envolvida na sobrevivência e no metabolismo das células, esta via é frequentemente activada por sinais de crescimento e contribui para a regulação do crescimento celular e da resistência à apoptose.

4. Via de sinalização dos receptores nucleares

o Estes receptores, que se ligam a hormonas lipossolúveis como os esteróides, actuam diretamente no ADN para regular a expressão genética.

CAPÍTULO 2
IÕES METÁLICOS COMO SEGUNDOS MENSAGEIROS

Definição de segundos messengers

Os segundos mensageiros são moléculas intracelulares que desempenham um papel essencial na transmissão e amplificação dos sinais recebidos pelos receptores de membrana. Ao contrário dos primeiros mensageiros, como as hormonas ou os neurotransmissores, que se ligam a receptores na superfície da célula, os segundos mensageiros actuam no interior da célula para desencadear cascatas de reacções bioquímicas. Desta forma, permitem uma resposta rápida e coordenada a vários estímulos externos. Os segundos mensageiros incluem iões, nucleótidos cíclicos e lípidos, cada um com mecanismos de ação e regulação específicos.

Papel dos iões metálicos (Ca^{2+}, Zn^{2+}, Mg^{2+}) na sinalização

Cálcio (Ca^{2+}) O cálcio é um dos segundos mensageiros mais estudados e cruciais na sinalização celular. Influencia vários processos fisiológicos, incluindo :

- **Contração muscular**: Um aumento da concentração intracelular de Ca^{2+} desencadeia a contração muscular através da interação com proteínas como a troponina.
- **Libertação de neurotransmissores**: Nos neurónios, um potencial de ação provoca a abertura dos canais de cálcio, permitindo a entrada

rápida de Ca^{2+}, o que leva à libertação de neurotransmissores na sinapse.

- **Ativação enzimática**: O Ca^{2+} ativa várias enzimas, como as cinases, modificando assim a função das proteínas alvo.

Zinco (Zn^{2+}) O zinco, embora menos estudado do que o cálcio, também desempenha um papel importante como segundo mensageiro:

- **Regulação da expressão génica**: O Zn^{2+} pode modular a atividade dos factores de transcrição, influenciando a expressão de genes específicos.
- **Proteção contra o stress oxidativo**: Enquanto cofator das enzimas antioxidantes, o zinco ajuda a proteger as células contra os danos oxidativos, influenciando as vias de sinalização ligadas à sobrevivência celular.

Magnésio (Mg^{2+}) O magnésio, frequentemente considerado um elemento de suporte, desempenha também um papel na sinalização celular:

- **Cofator enzimático**: O Mg^{2+} é essencial para a atividade de muitas enzimas, particularmente as envolvidas na fosforilação de proteínas, influenciando as vias de sinalização baseadas na fosforilação.
- **Estabilização das membranas**: Ao estabilizar as membranas celulares, o magnésio ajuda a manter a integridade das células e a regular a passagem dos iões, o que pode afetar os processos de sinalização.

Mecanismos de ativação e regulação

Os mecanismos pelos quais os iões metálicos são activados e regulados como segundos mensageiros são complexos e envolvem várias etapas:

- **Libertação de iões**: Vários estímulos, como a ativação de receptores membranares ou alterações do potencial membranar, podem desencadear a libertação de iões metálicos para o interior da célula.
- **Canais iónicos**: Canais específicos, como os canais de cálcio dependentes da voltagem, permitem a entrada rápida de Ca^{2+} em resposta a sinais eléctricos.
- **Transportadores e bombas** : Os transportadores de membrana regulam os níveis de iões, controlando a sua entrada e saída da célula.
- **Amplificação do sinal**: Uma vez libertados, os iões metálicos podem ativar proteínas alvo, conduzindo a uma cascata de reacções que amplificam o sinal inicial. Por exemplo, um pequeno aumento de Ca^{2+} pode levar à ativação maciça de cinases, amplificando a resposta celular.
- **Regulação do sinal**: Os níveis de iões metálicos são finamente regulados por mecanismos de feedback. As proteínas de ligação, as bombas e os permutadores ajustam as concentrações de iões para manter o equilíbrio celular.

- **Sinalização integrada**: Os iões metálicos interagem frequentemente com outras vias de sinalização. Por exemplo, o Ca^{2+} pode atuar em sinergia com mensageiros como o AMP cíclico para coordenar respostas celulares complexas.

CAPÍTULO 3
IÕES METÁLICOS E RECEPTORES

Interação de iões metálicos com receptores de membrana

Os iões metálicos desempenham um papel crucial na modulação da atividade dos receptores de membrana, influenciando assim a transmissão de sinais celulares. A sua interação com estes receptores é essencial para a sinalização celular, uma vez que pode determinar a resposta das células a vários estímulos externos. Os iões metálicos como o cálcio (Ca^{2+}), o zinco (Zn^{2+}) e o magnésio (Mg^{2+}) interagem com diferentes tipos de receptores, nomeadamente os receptores ionotrópicos e metabotrópicos. Estas interações podem ser diretas, ligando-se a sítios específicos dos receptores, ou indirectas, modulando as vias de sinalização associadas.

Receptores ionotrópicos e metabotrópicos :

- **Receptores ionotrópicos** : Estes receptores funcionam como canais iónicos, regulando diretamente a passagem de iões através da membrana celular. Os iões metálicos podem modular a sua abertura e fecho, influenciando assim a resposta celular.
- **Receptores metabotrópicos** : Estes receptores estão ligados às proteínas G e influenciam as vias de sinalização intracelular através de segundos mensageiros. Os iões metálicos podem modular a atividade destes receptores, afectando as cascatas de sinalização resultantes.

Exemplos de receptores sensíveis a iões Receptores de neurotransmissores :

• **Receptores NMDA (N-metil-D-aspartato)**: Estes receptores glutamatérgicos são sensíveis ao cálcio. A ativação dos receptores NMDA pelo glutamato facilita a entrada de Ca^{2+} na célula, o que é crucial para a plasticidade sináptica e a formação da memória. Os níveis de Ca^{2+} também regulam a sensibilidade dos receptores NMDA, influenciando os processos cognitivos e neuronais.

• **Receptores GABA (ácido gama-aminobutírico)** : Alguns receptores GABA_A são sensíveis à concentração de Zn^{2+}. O zinco modifica a atividade destes receptores, influenciando a transmissão inibitória no sistema nervoso central e desempenhando um papel no equilíbrio excitatório/inibitório do cérebro.

Receptores hormonais :

• **Receptores de calcitonina**: Estes receptores são activados pela hormona calcitonina, que regula os níveis de cálcio no sangue. A interação da calcitonina com o seu recetor desencadeia uma cascata de sinais intracelulares que reduzem a libertação de Ca^{2+} do osso, ajudando assim a regular o metabolismo do cálcio e a homeostase óssea.

• **Receptores de glucocorticóides**: Estes receptores, activados por hormonas esteróides, são modulados pelo Mg^{2+}. O magnésio desempenha um papel na estabilização das membranas celulares e pode influenciar a resposta das células aos glucocorticóides, afectando processos como a inflamação, o metabolismo e a resposta ao stress.

Impacto na sinalização intracelular

A interação dos iões metálicos com os receptores de membrana tem efeitos significativos na sinalização intracelular, com vários impactos fundamentais:

• **Amplificação do sinal**: A entrada de iões como o Ca^{2+} na célula pode desencadear cascatas de reacções bioquímicas que amplificam o sinal inicial. Por exemplo, a ativação dos receptores NMDA induz um grande influxo de Ca^{2+}, levando à ativação de cinases e outras proteínas que modulam várias funções celulares, como o crescimento e a sobrevivência.

• **Modulação da resposta celular**: Os iões metálicos podem influenciar a sensibilidade dos receptores aos seus ligandos. Concentrações elevadas de Zn^{2+}, por exemplo, podem inibir a atividade dos receptores NMDA, alterando a resposta neuronal aos estímulos e desempenhando um papel em processos como a plasticidade sináptica e as perturbações neuropsiquiátricas.

• **Integração de sinais**: Os iões metálicos permitem que as células integrem sinais de diferentes vias de sinalização. O Ca^{2+}, por exemplo, pode atuar em sinergia com outros segundos mensageiros, como o AMP cíclico, para coordenar respostas celulares complexas, como a contração muscular, a secreção hormonal e a regulação metabólica.

• **Regulação da expressão génica**: As variações nas concentrações de iões metálicos podem modular a expressão genética através da ativação de factores de transcrição específicos. O Zn^{2+}, em particular, pode influenciar a atividade de proteínas reguladoras, afectando a transcrição de genes envolvidos em processos como o crescimento celular, a diferenciação e a resposta ao stress.

CAPÍTULO 4
METAIS E VIAS DE SINALIZAÇÃO ESPECÍFICAS

Vias de sinalização relacionadas com o cálcio

O cálcio (Ca^{2+}) desempenha um papel crucial como segundo mensageiro em muitas vias de sinalização celular. A sua concentração intracelular é regulada com uma precisão notável por bombas, permutadores e canais iónicos. Quando um estímulo externo é percebido, pode ocorrer um rápido aumento do Ca^{2+} intracelular, desencadeando uma série de eventos biológicos complexos.

Papel na contração muscular

Nas células musculares, o cálcio é fundamental para o processo de contração. A chegada de um potencial de ação à membrana da célula muscular provoca a abertura de canais de cálcio dependentes da voltagem, permitindo a entrada de Ca^{2+} na célula. Este cálcio liga-se à troponina, uma proteína reguladora que facilita a interação entre a actina e a miosina, as principais proteínas contrácteis dos músculos. Este mecanismo é essencial não só para o músculo esquelético, mas também para o músculo cardíaco e o músculo liso, regulando várias funções corporais, como a contração cardíaca e o peristaltismo intestinal.

Papel na neurotransmissão

No sistema nervoso, o Ca^{2+} é essencial para a neurotransmissão. Quando os neurónios são activados, a entrada de Ca^{2+} através dos canais de cálcio dependentes da voltagem leva à libertação de neurotransmissores na sinapse, que se ligam a receptores nos neurónios pós-sinápticos, facilitando a transmissão do sinal nervoso. A modulação da concentração de Ca^{2+} pode influenciar a força sináptica e a plasticidade neuronal, afectando assim processos cognitivos complexos como a aprendizagem e a memória. As alterações na regulação do Ca^{2+} podem estar associadas a perturbações neurológicas como a doença de Alzheimer e a depressão.

O papel do zinco na sinalização celular

O zinco (Zn^{2+}) é um ião metálico versátil que desempenha um papel regulador em vários processos celulares. Está envolvido na sinalização celular de várias formas e influencia muitos aspectos da função celular.

Efeitos na transcrição dos genes

O Zn^{2+} é essencial para a função de muitos factores de transcrição. Ao ligar-se a locais específicos, modifica a atividade das proteínas reguladoras e influencia a expressão dos genes alvo. Por exemplo, o zinco pode ativar factores de transcrição como o fator de transcrição 1 (TF1), que regula a expressão de genes envolvidos na resposta ao stress e na inflamação. Além disso, o Zn^{2+} é crucial para a estrutura de certas proteínas, estabilizando motivos de dedos de zinco que são fundamentais para o reconhecimento e regulação do ADN, influenciando assim a transcrição de genes ligados ao crescimento celular e à resposta ao stress.

Resposta imunitária

O zinco desempenha um papel central na resposta imunitária. É necessário para o desenvolvimento e a função dos linfócitos T e B, dois tipos essenciais de células imunitárias. A deficiência de zinco pode comprometer a resposta imunitária, aumentando a suscetibilidade a infecções e retardando a cicatrização de feridas. Além disso, o Zn^{2+} regula a produção de citocinas, moléculas sinalizadoras que orquestram a resposta imunitária, influenciando a comunicação entre as células imunitárias e a coordenação da resposta inflamatória.

Envolvimento do magnésio na sinalização

O magnésio (Mg^{2+}) é outro ião metálico essencial envolvido em muitas vias de sinalização. Actua principalmente como cofator de muitas enzimas e desempenha um papel na estabilização das membranas celulares.

Papel na sinalização celular

O Mg²+ está envolvido na regulação da sinalização do cálcio. Ajuda a manter o equilíbrio iónico nas células e pode modular a entrada de Ca²+ através dos canais de cálcio, regulando a sua abertura e fecho. Uma concentração adequada de Mg²+ é necessária para o funcionamento ótimo dos canais iónicos e das bombas que regulam os níveis de Ca²+, assegurando o bom funcionamento das vias de sinalização celular. Os desequilíbrios nos níveis de Mg²+ podem perturbar estes processos, afectando a contração muscular, a neurotransmissão e outras funções celulares essenciais.

Efeitos na saúde

Níveis insuficientes de magnésio podem levar a disfunções na sinalização celular, contribuindo para doenças cardiovasculares, distúrbios neurológicos e problemas metabólicos. O Mg²+ está também envolvido na modulação da resposta inflamatória, actuando como um regulador para limitar o excesso de inflamação e prevenir patologias inflamatórias crónicas. A investigação mostra que o magnésio desempenha um papel protetor contra uma série de doenças, incluindo distúrbios metabólicos como a diabetes de tipo 2 e as doenças cardiovasculares.

CAPÍTULO 5
DESREGULAÇÃO E PATOLOGIAS

Consequências da desregulação dos iões metálicos

Os iões metálicos como o cálcio (Ca^{2+}), o zinco (Zn^{2+}) e o magnésio (Mg^{2+}) desempenham papéis essenciais em vários processos fisiológicos, incluindo a sinalização celular, a contração muscular e a regulação dos sistemas nervoso e imunitário. Um desequilíbrio nas suas concentrações pode ter repercussões graves na saúde celular e dos órgãos, conduzindo a uma série de patologias.

Cálcio (Ca^{2+})

A hipercalcémia, ou excesso de Ca^{2+} intracelular, pode causar danos significativos nas células, incluindo a morte por apoptose ou necrose. Este fenómeno está frequentemente associado a doenças neurodegenerativas e a patologias cardiovasculares. Pelo contrário, a carência de Ca^{2+} pode perturbar a contração muscular, alterar a neurotransmissão e provocar problemas de coagulação sanguínea, aumentando o risco de fracturas ósseas e de doenças cardíacas.

Zinco (Zn^{2+})

O desequilíbrio do zinco é também motivo de preocupação. A deficiência de Zn^{2+} está associada a uma função imunitária reduzida, a uma cicatrização deficiente das feridas e a um défice cognitivo. Por outro lado, um excesso de zinco pode ser neurotóxico, perturbando a sinalização celular e tendo efeitos deletérios no sistema imunitário. Pode igualmente ter efeitos nefastos no sistema nervoso, nomeadamente favorecendo problemas de memória e défices cognitivos.

Magnésio (Mg^{2+})

O magnésio é crucial para numerosas reacções enzimáticas e para a regulação da excitabilidade neuronal. A deficiência de Mg^{2+} está associada a perturbações metabólicas, cãibras musculares e arritmias cardíacas. Embora menos frequente, a hipermagnesemia pode também provocar efeitos adversos, como a depressão do sistema nervoso central, que afecta a coordenação e a função cognitiva.

Ligações entre desequilíbrios iónicos e doenças Doenças neurodegenerativas

Os desequilíbrios iónicos, nomeadamente os que envolvem o Ca^{2+} e o Zn^{2+}, estão estreitamente ligados a doenças neurodegenerativas como a doença de Alzheimer e a doença de Parkinson.

- **Doença de Alzheimer**: A acumulação excessiva de Ca^{2+} nos neurónios pode causar excitotoxicidade, levando à morte neuronal. Ao mesmo tempo, níveis elevados de Zn^{2+} podem perturbar a função das proteínas amilóides, agravando a formação de placas senis, um dos marcadores da doença.

- **Doença de Parkinson**: a desregulação dos níveis de Ca^{2+} e de Zn^{2+} está associada ao stress oxidativo e à inflamação, dois factores-chave da degenerescência dos neurónios dopaminérgicos, que contribuem para os sintomas motores da doença.

Doenças cardiovasculares

Os desequilíbrios iónicos, nomeadamente os de Mg^{2+} e Ca^{2+}, estão também implicados nas doenças cardiovasculares.

- **Hipertensão**: Uma deficiência em Mg^{2+} está frequentemente relacionada com um aumento da pressão arterial, uma vez que o magnésio desempenha um papel no relaxamento dos vasos sanguíneos e na regulação da pressão arterial.
- **Arritmias cardíacas**: Os níveis anormais de Ca^{2+} podem perturbar a excitabilidade cardíaca, conduzindo a arritmias potencialmente graves e a perturbações do ritmo cardíaco.

Estudos de casos

Estudo de caso 1: Doença de Alzheimer

A investigação demonstrou que os doentes de Alzheimer apresentam níveis anormais de Ca^{2+} e Zn^{2+} no líquido cefalorraquidiano. As intervenções destinadas a regular estes iões, tais como a utilização de quelantes de cálcio ou de zinco, têm mostrado resultados. têm mostrado resultados promissores na melhoria dos sintomas cognitivos em alguns doentes, sublinhando a importância da regulação iónica no tratamento desta doença.

Estudo de caso 2: Síndrome metabólica

Estudos demonstraram que os indivíduos que sofrem de síndrome metabólica são frequentemente deficientes em Mg^{2+}, contribuindo para complicações como a hipertensão e a diabetes de tipo 2. A toma de suplementos de magnésio demonstrou efeitos benéficos significativos na regulação do açúcar no sangue e na pressão arterial, o que sugere que o magnésio desempenha um papel protetor contra estas perturbações metabólicas.

Estudo de caso 3: Doença de Parkinson

Um estudo clínico observou que os doentes com doença de Parkinson apresentam níveis elevados de Ca^{2+} nos neurónios dopaminérgicos, o que está associado a um aumento da degeneração neuronal. Os tratamentos destinados a reduzir o excesso de Ca^{2+}, como a utilização de bloqueadores dos canais de cálcio, mostraram melhorias significativas na função motora num subconjunto de doentes, salientando o potencial impacto da regulação iónica na gestão dos sintomas da doença.

CAPÍTULO 6
ABORDAGENS EXPERIMENTAIS E TÉCNICAS DE ESTUDO

Métodos de análise dos iões metálicos nas células

A compreensão do papel dos iões metálicos na sinalização celular e nas patologias associadas depende de técnicas de análise precisas. Apresentamos aqui uma panorâmica dos principais métodos utilizados para quantificar e localizar estes iões nas células:

Espectroscopia de fluorescência

A espetroscopia de fluorescência é amplamente utilizada para detetar iões metálicos nas células utilizando sondas específicas. Os indicadores de cálcio, como o Fura-2 ou o Fluo-4, por exemplo, permitem a visualização em tempo real das variações da concentração iónica. Ao ligarem-se aos iões visados, estas sondas emitem uma fluorescência cuja intensidade varia em função da concentração do ião, fornecendo informações dinâmicas sobre as alterações iónicas a nível celular.

Espectrometria de massa

A espetrometria de massa (MS) é uma técnica altamente precisa para quantificar iões metálicos em amostras biológicas complexas. Através da análise de tecidos ou fluidos biológicos, a EM fornece dados pormenorizados sobre a concentração e a identidade dos iões presentes. Este método é essencial para estudos que exijam uma elevada precisão quantitativa e uma análise aprofundada da composição iónica.

Microanálise de raios X

A microanálise de raios X, como a fluorescência de raios X (EDX), fornece imagens detalhadas da distribuição espacial de iões metálicos nas células. Esta técnica é particularmente útil para examinar a localização subcelular dos iões e a sua relação com outras estruturas celulares, fornecendo informações cruciais sobre a distribuição dos iões a nível microscópico.

Técnicas de medição de sinalização

São utilizadas várias técnicas de medição da sinalização para avaliar as respostas celulares aos estímulos:

Imagiologia

A imagiologia celular, em especial a microscopia de fluorescência e a microscopia eletrónica, permite observar alterações na localização e na dinâmica dos iões metálicos no interior das células. A microscopia de super-resolução, como a STED (Stimulated Emission Depletion), permite resoluções nanométricas que possibilitam o estudo pormenorizado das interações iónicas a um nível muito fino, proporcionando uma compreensão aprofundada dos mecanismos iónicos subjacentes.

Técnicas bioquímicas

As técnicas bioquímicas, como os ensaios enzimáticos e os ensaios colorimétricos, medem as actividades enzimáticas influenciadas pelos iões metálicos. Por exemplo, os ensaios de libertação de cálcio podem ser utilizados para avaliar a resposta das células a vários estímulos, fornecendo informações sobre o impacto dos iões metálicos nos processos bioquímicos celulares.

Eletrofisiologia

A eletrofisiologia é um método crucial para estudar os efeitos dos iões metálicos na excitabilidade celular. Os registos do potencial de ação e das correntes iónicas permitem medir a forma como os iões influenciam a sinalização eléctrica nos neurónios e nas células musculares. Esta técnica ajuda a compreender os efeitos dos iões na propagação dos sinais eléctricos e na comunicação neuronal.

Estudos in vitro e in vivo

Os estudos in vitro e in vivo desempenham um papel complementar na compreensão do papel dos iões metálicos na sinalização celular.

Estudos in vitro

Os estudos in vitro são realizados em culturas de células ou tecidos isolados, permitindo um controlo preciso das condições experimentais e o exame dos efeitos dos iões metálicos num ambiente simplificado.

Por exemplo, ao expor culturas de neurónios a concentrações variáveis de Ca^{2+} ou Zn^{2+}, é possível observar o impacto na neurotransmissão e na sobrevivência das células num ambiente controlado.

Estudos in vivo

Os estudos in vivo, utilizando modelos animais, permitem examinar os efeitos dos iões metálicos em todo um organismo. Estes estudos avaliam as interações complexas entre os iões, os tecidos e os sistemas biológicos. As técnicas de imagiologia in vivo, como a ressonância magnética funcional e a tomografia por emissão de positrões (PET), são utilizadas para visualizar as alterações iónicas em contextos fisiológicos reais, oferecendo conhecimentos sobre os efeitos biológicos globais dos iões metálicos.

Abordagens combinadas

A integração de dados de estudos in vitro e in vivo é essencial para validar os resultados experimentais e compreender os mecanismos subjacentes à desregulação iónica. Os resultados obtidos em culturas celulares podem ser confirmados por estudos in vivo, estabelecendo ligações mais sólidas entre desequilíbrios iónicos e patologias específicas. Esta abordagem combinada proporciona uma visão abrangente e aprofundada dos processos iónicos, tanto a nível celular como sistémico.

CAPÍTULO 7
DESINTOXICAÇÃO CELULAR ATRAVÉS DO GLUTATIÃO

A desintoxicação é um processo crucial para manter o equilíbrio celular e prevenir os danos causados pelas toxinas e pelo excesso de iões metálicos. O glutatião, um tripeptídeo ubíquo, desempenha um papel central nestes mecanismos de desintoxicação, facilitando a eliminação de substâncias nocivas e protegendo as células contra os efeitos oxidativos. Este capítulo explora em pormenor o papel do glutatião na desintoxicação, destacando os seus mecanismos e interações com outros processos celulares.

1. O papel do Glutatião na desintoxicação

O glutatião (GSH) é um poderoso antioxidante que desempenha um papel multifuncional na desintoxicação celular. Os seus principais papéis são os seguintes:

- **Quelação de iões metálicos**: O glutatião liga-se aos iões metálicos para formar complexos solúveis. Esta quelação reduz a toxicidade dos iões metálicos, facilitando a sua eliminação através das vias excretoras. Os complexos glutatião-metal são menos reactivos e menos susceptíveis de causar danos oxidativos.
- **Neutralização das espécies reactivas de oxigénio (ROS)**: Como antioxidante, o glutatião neutraliza as ERO geradas durante o metabolismo do excesso de iões metálicos. Esta ação reduz o stress oxidativo e protege as estruturas celulares como os lípidos, as proteínas e os ácidos nucleicos.

- **Facilita a excreção**: O glutatião ajuda a exportar o excesso de iões metálicos das células, formando complexos solúveis. Estes complexos são depois transportados para os órgãos excretores, como o fígado e os rins, para serem eliminados do organismo.

- **Apoio a outros mecanismos de desintoxicação**: O glutatião funciona em sinergia com outros sistemas de desintoxicação, como as metalotioneínas. Ao reduzir a carga sobre estas proteínas, o glutatião optimiza a sua eficácia na gestão dos iões metálicos.

2. Mecanismos de regulação do glutatião

A regulação dos níveis de glutatião é essencial para uma desintoxicação eficaz e para a proteção contra os danos oxidativos. Os principais mecanismos incluem :

- **Síntese do glutatião**: O glutatião é sintetizado a partir dos seus precursores, a cisteína, o ácido glutâmico e a glicina. A glutamil cisteína ligase, uma enzima-chave, catalisa a primeira fase desta síntese, enquanto a glutatião sintetase completa o processo.

- **Regulação transcricional**: Factores de transcrição como o Nrf2 (Nuclear fator erythroid 2-related fator 2) regulam a expressão de genes envolvidos na síntese e regulação do glutatião. O Nrf2 responde a sinais de stress oxidativo aumentando a produção de glutatião.

- **Controlo do metabolismo redox**: O glutatião existe principalmente em duas formas: reduzida (GSH) e oxidada (GSSG). O equilíbrio entre estas duas formas é regulado por mecanismos celulares, influenciando a capacidade antioxidante do glutatião.

- **Preservação contra a degradação**: Os mecanismos celulares que limitam a degradação do glutatião, incluindo os inibidores das enzimas de degradação, ajudam a manter níveis óptimos deste tripeptídeo.

3. Interações do glutatião com iões metálicos

O glutatião interage de forma complexa com vários iões metálicos, influenciando a sua desintoxicação e regulação:

- **Cálcio**: O glutatião influencia a regulação do cálcio intracelular, que por sua vez afecta processos como a contração muscular e a sinalização neuronal. Um equilíbrio adequado do cálcio é crucial para a função celular.
- **Zinco**: O zinco é essencial para a função das enzimas antioxidantes e o glutatião ajuda a modular os níveis de zinco formando complexos solúveis, reduzindo assim o seu impacto oxidativo.
- **Ferro**: Quando o ferro está em excesso, pode gerar ROS. O glutatião ajuda a quelar o ferro, limitando a sua capacidade de induzir danos oxidativos.

4. Impacto na sinalização celular

Os níveis de glutatião e de iões metálicos têm um impacto profundo na sinalização celular:

- **Vias de sinalização redox**: O glutatião regula as vias de sinalização redox, influenciando as respostas celulares ao stress oxidativo. Níveis alterados de glutatião podem perturbar estas vias, conduzindo à disfunção celular.
- **Factores de transcrição**: O glutatião e os iões metálicos afectam a

atividade dos factores de transcrição, modificando a expressão genética e a resposta celular a estímulos externos.

• **Respostas ao stress ambiental**: As células ajustam os seus níveis de glutatião em resposta ao stress ambiental, como as toxinas e os agentes patogénicos. Este processo permite que as células sobrevivam e mantenham a sua integridade funcional.

5. Perturbações e patologias associadas

Os desequilíbrios nos níveis de glutatião e de iões metálicos podem estar associados a várias patologias:

• **Doenças neurológicas**: As perturbações na regulação do glutatião e dos iões metálicos estão ligadas a doenças neurológicas, onde afectam a sinalização neuronal e a função cerebral.

• **Doenças cardiovasculares**: Os desequilíbrios do cálcio e do glutatião podem contribuir para as doenças cardiovasculares, alterando a sinalização cardíaca e promovendo estados oxidativos.

Conclusão

O glutatião desempenha um papel crucial na desintoxicação celular, quelando os iões metálicos, neutralizando os ERO e facilitando a eliminação das toxinas. A sua regulação é essencial para manter uma desintoxicação eficaz e proteger as células contra os danos oxidativos. As interações complexas entre o glutatião e os iões metálicos influenciam muitos aspectos da biologia celular, desde a sinalização até às patologias associadas.

CAPÍTULO 8
PERSPECTIVAS TERAPÊUTICAS

Alvos potenciais para tratamentos baseados em iões metálicos

Devido ao seu papel crucial em vários processos biológicos, os iões metálicos representam alvos interessantes para o desenvolvimento de tratamentos terapêuticos. Segue-se uma visão geral dos principais alvos e das abordagens terapêuticas associadas:

Cálcio (Ca^{2+})

O cálcio desempenha um papel essencial na contração muscular, na neurotransmissão e na sinalização celular. Os medicamentos que visam os canais de cálcio, como os bloqueadores dos canais de cálcio, já estão a ser utilizados para tratar doenças como a hipertensão e as doenças cardíacas. Ao modularem a entrada de Ca^{2+} nas células, estes medicamentos ajudam a regular a contração muscular e a melhorar a função cardíaca.

Zinco (Zn^{2+})

O zinco está envolvido na função imunitária, na regulação da expressão genética e em vários processos enzimáticos. Poderão ser desenvolvidas terapias destinadas a modular os níveis de zinco para tratar doenças neurodegenerativas, como a doença de Alzheimer, e doenças imunitárias. Os agentes quelantes de zinco, que eliminam o excesso de zinco do organismo, estão a ser considerados para tratar condições patológicas associadas à sobrecarga de zinco.

Magnésio (Mg^{2}+)

O magnésio é crucial para numerosas reacções enzimáticas e para regular a excitabilidade neuronal. Os suplementos de magnésio estão a ser explorados como potenciais tratamentos para doenças como enxaquecas, distúrbios depressivos e doenças cardiovasculares. O magnésio desempenha um papel na modulação da resposta inflamatória e na regulação da pressão arterial, o que o torna relevante para uma variedade de patologias.

Desenvolvimento de medicamentos que modulam a sinalização iónica

O desenvolvimento de medicamentos que visam a sinalização iónica oferece perspectivas promissoras para o tratamento de várias patologias. Eis algumas abordagens actuais:

Moduladores de canais iónicos

Os moduladores dos canais iónicos, incluindo agonistas e antagonistas, influenciam a sinalização celular regulando a entrada e a saída de iões. Por exemplo, os antagonistas dos receptores NMDA, que modulam a entrada de Ca^{2}+, estão a ser explorados para o tratamento de doenças neurodegenerativas como a doença de Alzheimer. Estes moduladores podem ajudar a equilibrar os níveis de iões e a prevenir os efeitos nocivos da sobre-estimulação.

Quelantes de iões

Os quelantes de iões, que se ligam aos iões metálicos para facilitar a sua eliminação do organismo, são já utilizados para tratar a sobrecarga de ferro e cobre. Está em curso investigação para desenvolver quelantes específicos para o zinco e o manganésio. Estes agentes poderiam ajudar a tratar condições patológicas associadas a excessos destes iões, oferecendo uma abordagem orientada para a redução da sua toxicidade.

Terapias genéticas

As terapias genéticas representam uma via inovadora para atacar os mecanismos que regulam os iões metálicos. Utilizando vectores genéticos para introduzir genes que codificam proteínas envolvidas no transporte ou regulação de iões, é possível modular a expressão de proteínas reguladoras. Esta abordagem poderia oferecer soluções específicas para doenças específicas, influenciando diretamente os níveis e a distribuição dos iões metálicos.

Aplicações em medicina regenerativa e oncologia

Os iões metálicos e a sua modulação têm também aplicações promissoras na medicina regenerativa e na oncologia:

Medicina regenerativa

No domínio da medicina regenerativa, os iões metálicos, como o cálcio e o magnésio, desempenham um papel na diferenciação celular e na regeneração dos tecidos. Por exemplo, níveis adequados de Ca^{2+} podem promover a diferenciação de células estaminais em células ósseas, o que é explorado em terapias de reparação óssea. Estão a ser desenvolvidas abordagens que utilizam iões metálicos para modular o crescimento e a regeneração celular, a fim de melhorar os tratamentos de lesões e doenças degenerativas.

Oncologia

Os iões metálicos estão envolvidos na progressão dos tumores e podem ser utilizados para inibir a proliferação celular e induzir a apoptose nas células cancerosas. Por exemplo, os tratamentos destinados a modificar a concentração de Zn^{2+} podem influenciar o crescimento dos tumores afectando vias de sinalização específicas. A modulação da sinalização iónica nas células cancerosas constitui uma abordagem potencial para melhorar as estratégias terapêuticas contra o cancro.

Nanomedicina

A nanomedicina, que utiliza nanopartículas para administrar medicamentos de forma orientada, está também a explorar as propriedades dos iões metálicos. As nanopartículas que contêm iões como o ferro ou o ouro estão a ser estudadas pela sua capacidade de atingir especificamente as células tumorais, minimizando os efeitos secundários nas células saudáveis. Esta abordagem oferece perspectivas interessantes para tratamentos mais eficazes e menos invasivos.

CONCLUSÃO

Em conclusão, este livro explorou em profundidade o papel crucial dos iões metálicos na sinalização celular e o seu impacto na função celular. Vimos como iões como o cálcio, o zinco e o magnésio actuam como mensageiros internos, modulando processos essenciais e influenciando várias vias de sinalização. O papel do glutatião na desintoxicação e as suas interações com estes iões acrescentam uma dimensão importante à nossa compreensão dos mecanismos celulares. As abordagens experimentais e técnicas discutidas fornecem ferramentas valiosas para a investigação futura, enquanto as perspectivas terapêuticas delineadas destacam a potencial aplicação deste conhecimento numa variedade de domínios. Este trabalho realça a importância destes elementos na biologia celular e abre caminho a novas explorações na investigação científica.

LEXICON

- **Sinalização celular**: Processo pelo qual as células comunicam e reagem a sinais internos ou externos.

- **Hormona**: Molécula produzida pelas glândulas endócrinas que regula as funções fisiológicas.

- **Neurotransmissor**: Substância química que transmite um sinal entre os neurónios.

- **Citocina**: Proteína envolvida na comunicação entre células imunitárias.

- **Segundo mensageiro**: molécula intracelular que transmite um sinal de um recetor de membrana para outros alvos na célula.

- **Fosforilação**: adição de um grupo fosfato a uma molécula, frequentemente para modular a atividade de uma proteína.

- **Ião metálico**: Um átomo de metal que perdeu um ou mais electrões, adquirindo assim uma carga positiva.

- **Quinase**: Enzima que adiciona um grupo fosfato a uma molécula, frequentemente para regular a atividade de uma proteína.

- **Canal iónico**: proteína membranar que permite a passagem selectiva de iões através da membrana celular.

- **Cofator**: Molécula que ajuda uma enzima a catalisar uma reação bioquímica.

- **Retrocontrolo**: Mecanismo pelo qual um produto final de uma via de sinalização inibe uma etapa anterior dessa via.

- **Recetor de membrana**: proteína localizada na membrana celular que interage com ligandos para iniciar uma resposta celular.

- **Ionotrópico**: Tipo de recetor que forma um canal iónico e permite a passagem de iões através da membrana em resposta a um ligando.

• **Metabotrópico**: Tipo de recetor que ativa as vias de sinalização intracelular sem formar um canal iónico direto.

• **Plasticidade sináptica**: Capacidade das sinapses para reforçar ou enfraquecer a sua transmissão em resposta à atividade.

• **Cascata de sinalização**: sequência de acontecimentos bioquímicos desencadeados pela ativação de um recetor e que conduzem a uma resposta celular.

• **Desregulação**: Perturbação do mecanismo regulador normal de um processo biológico.

• **Excitotoxicidade**: Danos neuronais causados por estimulação excessiva dos neurónios, frequentemente devido a níveis elevados de glutamato ou Ca^{2+}.

• **Síndrome metabólica**: Um grupo de condições que aumentam o risco de doença cardíaca, acidente vascular cerebral e diabetes.

• **Líquido cefalorraquidiano**: O líquido que envolve o cérebro e a medula espinal.

• **Neurónio dopaminérgico**: Neurónio que utiliza a dopamina como principal neurotransmissor, frequentemente afetado na doença de Parkinson.

• **Quelante**: Substância que se liga a um ião metálico, facilitando a sua eliminação do organismo.

• **Sinalização iónica**: Processo pelo qual os iões influenciam as respostas celulares a vários estímulos.

• **Nanomedicina**: Utilização de nanopartículas para diagnosticar e tratar doenças, nomeadamente o cancro.

• **Apoptose**: Processo de morte celular programada, essencial para o desenvolvimento e a homeostase dos tecidos.

• **Terapia genética**: uma técnica que consiste em modificar o material genético de uma célula para tratar uma doença.

REFERÊNCIAS

• Alberts, B., Johnson, A., Lewis, J., Raff, M., Roberts, K., & Walter, P. (2015). Biologia Molecular da Célula (6ª ed.). Garland Science.

• Barbagallo, M., & Dominguez, L. J. (2010). Magnésio e envelhecimento: uma relação com potenciais implicações terapêuticas. Current Pharmaceutical Design, 16(7), 832-839. https://doi.org/10.2174/138920110790442121.

• Berridge, M. J. (2012). Sinalização de cálcio e proliferação celular. Cell, 149(6), 1177-1190. https://doi.org/10.1016/j.cell.2012.05.034.

• Berridge, M.J. (2016).Sinalização de cálcio e proliferação celular. Biochemical Society Transactions, 44(5), 1141-1150. https://doi.org/10.1042/BST20160100.

• Clapham, D. E. (2007). Calcium signaling. Cell, 131(6), 1047-1058. https://doi.org/10.1016/j.cell.2007.11.028.

• D'Amico, M., & Magro, G. (2020). Íons metálicos como alvos terapêuticos em doenças humanas. Nature Reviews Chemistry, 4(10), 1-20. https://doi.org/10.1038/s41570-020-00267-2.

• Dyer, M. A., & O'Brien, D. (2017). Imagem in vivo de iões metálicos em sistemas biológicos. Nature Reviews Chemistry, 1(8), 1-15. https://doi.org/10.1038/s41570-017-0073-2.

• Dittmer, P. J., & Kuhlmann, J. (2019). Técnicas para a análise de iões metálicos em sistemas biológicos. Analytical Chemistry, 91(3), 1805-1820. https://doi.org/10.1021/acs.analchem.8b04972.

• Gunter, T. E., & Gunter, K. K. (2001). Transporte de cálcio e outros iões nas mitocôndrias. Biochimica et Biophysica Ata (BBA) - Bioenergetics, 1504(1), 1-27. https://doi.org/10.1016/S0005-2728(00)00200-5.

• Kambe, T., Tsuji, T., & Nagano, K. (2015). Compreensão atual da homeostase do zinco e da sinalização do zinco na saúde e na doença. Cellular and Molecular Life Sciences, 72(17), 3173-3196.https://doi.org/10.1007/s00018-015-1972-7.

• Kaczmarek, J. S., & Wysocki, M. (2021). Abordagens de nanomedicina para direcionar íons metálicos na terapia do câncer. Nanomedicina: Nanotecnologia, Biologia, e Medicina, 17, 1-15. https://doi.org/10.1016/j.nano.2020.102053.

• Koyama, A., & Hattori, N. (2015). Magnésio e doença de Parkinson. Química Medicinal Atual, 22(34), 4067-4074. https://doi.org/10.2174/0929867322666150902115145.

A. Krezel, A., & Maret, W. (2016). As funções das proteínas de "ligação a metais" na regulação da homeostase do zinco celular. Journal of Biological Inorganic Chemistry, 21(5), 765-779. https://doi.org/10.1007/s00775-016-1382-5. Lodish, H., Berk, A., Kaiser, C. A., Krieger, M., Scott, M. P., & Bretscher,(2016). Biologia Celular Molecular (8ª ed.). W.H. Freeman.

• Mattson, M. P., & Camandola, S. (2018). Ingestão de energia, frequência das refeições e saúde: uma perspetiva neurobiológica. Revisão Anual de Nutrição, 38, 1-20. https://doi.org/10.1146/annurev-nutr-082117-051540.

• Pappalardo, G., & Sgambato, A. (2019). Vias de sinalização no câncer: A review. Journal of Cancer Research and Clinical Oncology,

145(1), 1-12. https://doi.org/10.1007/s00432-018-2755-5.

• Rhyu, M. S., & Kim, D. H. (2019). O papel do zinco na sinalização celular e suas implicações na saúde e na doença. Journal of Nutritional Biochemistry, 65, 1-10. https://doi.org/10.1016/j.jnutbio.2018.11.014.

• Rude, R. K. (2012). Deficiência de magnésio: uma causa de doença heterogénea em humanos. Journal of the American College of Nutrition, 31(2), 143S-150S.
https://doi.org/10.1080/07315724.2012.10720269.

• Schuchardt, J. P., & Hahn, A. (2017). Magnésio e vitamina D: uma revisão sistemática. Nutrientes, 9(5),
430.https://doi.org/10.3390/nu9050430.

• Takeda, A. (2003). Zinco e doença de Alzheimer. Journal of Nutritional Biochemistry, 14(6), 337-344.
https://doi.org/10.1016/S0955-
2863(03)00028-9.

• Zhang, Y., & Liu, Y. (2020). Avanços nas técnicas de imagem para estudar íons metálicos nas células. Frontiers in Chemistry, 8, 1-12. https://doi.org/10.3389/fchem.2020.00001.

Printed by Books on Demand GmbH, Norderstedt / Germany